中国建筑第八工程局有限公司设计作品集

中国建筑第八工程局有限公司设计管理总院 编

中国建筑工业出版社

序一

　　我与中建八局相识于体育建筑的工程合作，2022年我们获得广东省科技进步一等奖的"大型体育场馆可持续营建技术及工程应用"项目，八局就是重要的参与单位。我工作室设计的重庆合川体育中心，刚刚建成并承办了重庆市运动会，也是八局建设并将继续负责运营。中建八局作为中国建筑行业的排头兵，坚持打造建筑业高质量发展的标杆和典范，不仅在施工领域独占鳌头，近年来更在设计领域高调亮相，颇有异军突起之势，为行业发展注入了强大活力，也正因为如此，我们与八局设计的合作互动也更为紧密。

　　去年，我参加了八局设计管理总院组织的第四届设计管理大赛，担任了方案赛评委。在第一时间、第一现场鉴赏了八局设计的作品。我最大的感受就是，八局设计历史不长，团队也非常年轻，但设计态度很是成熟老练。

　　在与八局设计共事中，我愈加深切地体会到八局设计的视野与愿望。他们致力于将设计管理融入工程全生命周期，实现全产业链、全时间段的价值创造，这也正是我几十年来一直坚守的理性设计的观念，我和团队一直致力于推动城市向"集约、紧凑、高效、复合"的目标发展。我们基于大型公共建筑实践经验所形成的"精明营建"设计原则，在城市设计的实践中也得到了充分贯彻与呈现，在全国多个城市开展了广泛的设计实践。与八局设计的合作，让我们的"精明营建"更有便利性、更有落地性，尤其是八局的全产业链优势，让我们的合作具备了天然的正当性和必要性。

　　这本作品集是八局设计作品的集成，让我对他们的设计能力和成绩有了更加系统、全面的感知。我感到欣慰的是，在八局设计的很多作品中渗透了"精明营建"的理念。大道不孤，希望与八局设计不断深化合作情谊，在可持续发展的道路上阔步前行，共同为人民城市提供高品质的城市生活空间。

　　祝愿八局设计产出更多兼具美感与"精明"的精彩作品，祝愿他们尽快构建设计引领EPC工程总承包管理的核心竞争力，助力建筑行业转型升级，推动新时代建筑行业高质量发展。

孙一民
全国工程勘察设计大师

序二

我与八局设计颇有渊源。2019年，八局设计管理总院刚刚成立，我和上海市勘察设计行业协会的同事们拜访了总院，对八局设计的定位、模式和发展规划有了较为深入的了解，他们致力于通过设计引领EPC工程总承包的理念让我眼前一亮。我也对中建八局这个以施工为主体的建筑央企巨无霸往前端发力设计的决策表示好奇。近几年来，我一直关注着八局设计的发展成长。

今天，看到这本八局设计的作品集，让我有了更加深入、全面的了解，里面不仅有住宅、有商业，有教育、有医疗，有会展、有文旅，更有近年火热的城市更新，甚至触角延伸到市政、业务拓展到海外。短短数年，八局设计快速发展，项目类型覆盖全面、作品精雕细琢，无不说明他们已经成为上海设计之都的重要构建力量。

我也在不同场合感受到八局设计扎实开展品牌建设工作的成绩。近年来，在媒体上、在论坛上、在协会的各项工作中都能经常看到他们的经验分享，让人印象深刻。现今这本作品集，更是八局设计原创设计能力、优秀品牌的一次全方位、深层次的塑造。

我为八局设计敢为人先、率先开展模式变革而击节。他们扎根原创方案，不仅仅是为了设计。在数年的奋力实践中，构建了八局特色设计引领EPC工程总承包的创新模式，且已经在业内得到广泛传播，为建筑行业的高质量转型升级提供了八局样板。

阅毕掩卷，希望八局设计能够持续强化原创方案设计能力，通过好方案打动业主，落地项目；通过好方案、好创意，共同建设上海设计之都品牌；希望通过设计引领工程全生命周期管理，持续提供高品质城市空间，点亮民众美好生活，共同建设人民城市。

希望八局设计不忘初心、牢记使命，取得更加丰硕的成果，擦亮更加响亮的品牌，为行业做出更加突出的贡献。

忻国樑

上海市勘察设计行业协会党支部书记、秘书长

序三

工程设计是根据建设工程的要求，对建设工程所需的技术、质量、经济、资源、环境等条件进行综合分析、论证，编制建设工程设计文件的活动，深刻影响了建筑产品的全生命周期。从接触到融入建筑行业近三十年，我是见证者，也是亲历者，看到设计持续塑造社会面貌和文化内涵，体验到创意创新的力量，感受到设计赋能价值的魅力。

八局设计是年轻的，也是厚重的。发轫于四十六年前的基建工程兵 22 支队科学研究所设计室，岁月磨砺，深厚积累；闪亮于近十年以系统观念实施专业创新变革，拨云见日，脱颖而出。

这本作品集是八局设计近年来专业化发展历程的重要记录，在这些精心挑选的作品中，我看到了创新与传统的联结，实用与美观的融合。设计师们对细节的精心打磨和对品质的不懈追求，每一件作品都蕴含着八局设计的思考与情感，每一页都映射出八局设计为不断满足人民对美好生活的向往倾注的心力与汗水。

更欣慰的是八局设计不仅仅在原创方案领域厚积而薄发，更是突破了传统窠臼，通过调查研究国内外工程建设先进经验，博观而约取，构建了八局特色设计引领 EPC 工程总承包模式。聚焦前端优势"造项目"，联动体系"建项目"，实施工程全生命周期管理，塑强全链条价值创造能力，全力打造客户满意的 EPC 建筑产品，矢志为人民群众提供高品质城市空间。

时代在变，模式在变，八局设计"为客户创造最大价值"的初心使命不会变。天下之势，浩浩汤汤，八局设计期待与社会各界共同投身于发展洪流。希望打开作品集，打开新理念激荡的窗口，共襄行业转型升级盛举，共同为推动高质量发展贡献力量。

亓立刚
中国建筑第八工程局有限公司总工程师

前言

—— 矢志建设高品质城市空间

八局设计作为中建八局的重要组成部分，随着八局的发展壮大而不断成长。1978年，八局设计前身基建工程兵22支队科学研究所设计室成立。1983年9月，改编为中国建筑第八工程局设计室，开始对社会承接工程。

岁月不居，时节如流。经过四十余年的发展壮大，八局设计现涵盖一家设计管理总院、20家下属院，布局设计管理和设计生产两块独立业务，包括EPC项目设计管理、规划、原创方案设计、施工图设计、深化设计、全过程咨询等，业务范围基本覆盖全国和"一带一路"沿线。

四十余年来，八局设计倾心创作，每一份图纸都承载着梦想与创新的种子，每一座建筑都是对美好生活的向往与追求。这本作品集不仅仅是一系列设计作品的展示，更是八局设计理念、专业精神和对卓越追求的体现。在这里，您将看到从住宅到商业，从教育到医疗，从公共设施到城市规划的多样化项目。每一个项目都凝聚了八局设计对细节的精雕细琢，对功能与美学的深刻理解，以及对可持续发展的不懈追求。

四十余年来，八局设计矢志提供高品质城市空间，我们相信，设计不仅仅是创造美观的外观，更是创造有灵魂的空间。立足设计前端，不断探索、学习并创新，旨在不断满足人民群众对美好生活的向往，以人民为中心，为城市而设计，以服务民生为宗旨，以价值工程为取向，打造了一批批城市更新、教育医疗、体育会展等精品。

四十余年来，行业发展风起云涌，八局设计紧跟潮流趋势，大力推进设计引领EPC工程总承包建设，走出了八局特色EPC模式发展的新路。通过横向联动、纵向协同，全力打造客户满意的EPC管理核心品牌。从客户满意度关联密切的"功能、质量、价格、工期"及企业高质量发展关联密切的"效益、品牌、社会责任"维度，体现绿色、功能合理、健康舒适、高性价比、质量优良，追求短期经济效益与长期品牌效益平衡发展。

感谢您翻阅我们的作品集，我们期待与您分享我们的激情和愿景。我们希望这本作品集能够成为我们之间沟通的桥梁，激发更多关于设计、关于行业、关于高品质城市空间的对话与合作。让我们携手共创更加美好的未来。

王磊

中国建筑第八工程局有限公司设计管理总院院长

目录　C O N T E N T S

启航 · 设计引领

筑梦 · 城市精品

共赢 · 匠心汇聚

关于我们　003	科研办公　018	人才优势　200
发展历程　004	体育会展　042	队伍建设　202
设计足迹　006	医疗建筑　062	
企业资质　008	教育建筑　074	
企业荣誉　009	文化旅游　096	
八局设计　010	酒店建筑　114	
发展愿景　011	产业园区　126	
合作伙伴　012	城市更新　132	
	居住建筑　162	
	市政交通　174	
	室内装饰　178	
	海外业务　194	

启航·设计引领

中建信条 · 铁军文化

企业使命
拓展幸福空间

企业愿景
成为最具国际竞争力的投资建设集团

核心价值观
品质保障　价值创造

铁军文化
军魂匠心　家国情怀
令行禁止　使命必达

ABOUT US
关于我们

中国最具竞争力的大型综合投资建设集团
五大工程特色

高　　大　　特　　新　　急

2个
院士工作站

7个
院士工作室

1个
博士后工作站

1个
设计管理总院

1个
工程研究院

8个
甲级设计院

11个
省部级技术研发中心

33家
高新技术企业

启航 · 设计引领

辉煌历程
奋进未来

1994 年探索
第一个 EPC 模式探索项
第一个鲁班奖

1984 年开拓
第一个海外项目

1978 年成立
基建工程兵二十二支队科学研究所设计室成立
[现更名为：中建八局（山东）设计咨询有限公司]

1986 年突破
第一个高层建筑项目

1983 年成立
中建八局在济南成立

1952 年转型
部队转型从事建筑施工

DEVELOPMENT HISTORY
发展历程

2014—2019 年
（设计萌芽期）
中建八局第一建设有限公司设计研究院
中建八局第二建设有限公司设计研究院
中建八局第三建设有限公司设计研究院
中建八局上海工程设计研究院
……
共 7 家

2019 年升级
中建八局设计管理总院成立
设计体系人员突破 2000 人

2025 年及未来
未来持续发展中
……

2020—2023 年
（设计整合期）
中建八局第四建设有限公司设计管理研究院
中建八局发展建设有限公司设计研究院
……
共 12 家

2022 年全面实施
《关于进一步完善设计体系的实施方案》
健全设计体系（包含设计管理体系、设计生产体系）

1998 年迁沪
中建八局总部由鲁迁沪

TRACES OF DESIGN
设计足迹

深耕筑梦，布局全国
共有 21 家设计单位，分布 12 个城市，共创设计新高度。

1 上海
中建八局设计管理总院
中建八局总承包公司设计院
中建八局上海工程设计研究院
中建八局装饰工程有限公司设计研究院
上海中建海外发展有限公司设计研究院
中建八局新型建造工程有限公司设计研究院

2 济南
中建八局第一建设有限公司设计研究院
中建八局第二建设有限公司设计研究院
中建八局（山东）设计咨询有限公司

3 南京
中建八局第三建设有限公司设计研究院
中建八局文旅博览投资发展有限公司文旅研究院

4 青岛
中建八局第四建设有限公司设计管理研究院
中建八局发展建设有限公司设计研究院

5 无锡
江苏天宇设计研究院有限公司

6 天津
中建八局华北设计研究院

7 大连
中建八局东北分公司工程设计院

8 西安
中建八局西北工程设计研究院

9 成都
中建八局西南设计研究院

10 广州
中建八局华南设计研究院

11 深圳
中建八局南方设计研究院

12 杭州
中建八局浙江建设有限公司工程设计院

ENTERPRISE QUALIFICATIONS
企业资质
拥有众多高等级设计资质，打造实力强企

勘察设计资质

建筑行业（建筑工程）甲级	风景园林工程设计专项甲级
市政行业甲级	岩土工程专业（设计）乙级
公路行业甲级	城乡规划编制资质乙级

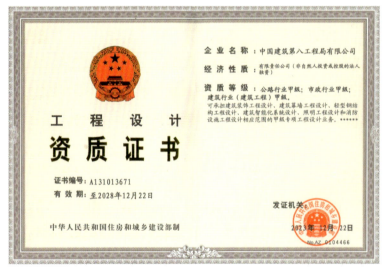

ENTERPRISE HONORS
企业荣誉
中国获得国家级工程奖项最多的建筑企业之一

21782 项
国家授权专利

329 项
中国建筑业最高质量奖鲁班奖

402 项
国家优质工程奖

170 余项
国家级优秀设计奖

257 余项
省部级优秀设计奖

152 余项
市级优秀设计奖

44 项
中国土木工程詹天佑奖

5 项
国家科学技术进步奖一等奖

DESIGN
八局设计
强化设计体系建设，践行设计引领目标

> " 以客户为中心，为客户创造最大价值
> **设计引领，价值创造** "

1	2	3	4	5
设计管理	设计生产	技术服务	高端咨询	科技研发
全过程 价值创造	全专业 技术集成	全方位 解决方案	全周期 技术引领	全体系 融合创新

致力于打造国内领先的工程总承包企业设计咨询机构

打造与工程管理体系融为一体的设计生产及设计管理能力，
形成中建八局在总承包领域的核心竞争力

DEVELOPMENT VISION
发展愿景
提升品牌优势，开启新发展

价值创造的载体

设计是工程产业链的源头，是实现客户需求的唯一载体，通过将采购、施工要求融入设计，实现"全景式"统筹管理，以客户为中心，以满足建筑产品功能需求为核心，努力降低全寿命周期成本，提升价值工程创造能力。

围绕城市规划、低碳发展实践、城市基础设施进行设计技术研发，从系统建设、能源结构优化到资源循环利用进行城市碳中和路径的探索，并将其作为原创技术应用于工程建设。

创新发展的主力

品牌效益的引擎

有效推行工程总承包、全过程工程咨询、建筑师负责制等新业务模式，实现企业从"单一施工单位"向"综合城市服务商"转型，综合化、集成化发展与专业化、特色化发展并重，全面增强八局综合实力和品牌竞争力。

PARTNERS
合作伙伴

400+

中建八局设计建立了分领域、分优势、分专业、分阶段、分区域的设计单位资源库

20+

局级设计战略合作单位

20+

大师级合作专家

合作

中建系统

中国中建设计研究院有限公司
中国建筑东北设计研究院有限公司
中国建筑西北设计研究院有限公司
中国建筑西南设计研究院有限公司
中国建筑西南勘察设计研究院有限公司
中国建筑上海设计研究院有限公司
中国市政工程西北设计研究院有限公司

国 内

中国建筑设计研究院有限公司
华东建筑设计研究院有限公司
同济大学建筑设计研究院（集团）有限公司
天津市建筑设计研究院有限公司
浙江大学建筑设计研究院有限公司
东南大学建筑设计研究院有限公司
哈尔滨工业大学建筑设计研究院有限公司
上海天华建筑设计有限公司
华南理工大学建筑设计研究院有限公司
……

国 际

AECOM、HPP、ATKINS、HBA、CCD、RSP、DAR、GMP、KPF、日本日建、澳大利亚伍兹贝格、隈研吾设计事务所等

筑梦

· 城市精品

Page 018—041
科研办公

- 河南省高级人民法院审判法庭建设工程
- 中科新经济科创园基础设施项目（D-2 地块）
- 上海临港新片区 PDC1-0401 单元 K01-1 地块
- 上海临港新片区 PDC1-0401 单元 K05-1 地块
- 无锡国家软件园五期项目
- 上海中微临港总部和研发基地项目
- 西部（咸阳）科技创业湾科研工坊项目
- 济南汉云谷产业园绿色金融总部建设项目
- 广东松山湖材料实验室一期工程（第一批）
- 沈阳智能计算中心新基建项目
- 广东中山电子基地科创园
- 中建八局北方总部大厦项目

Page 042—061
体育会展

- 大连梭鱼湾专业足球场项目
- 洛阳市奥林匹克中心一期项目
- 青岛·上合之珠国际博览中心
- 上合组织农业科技展示交流中心项目
- 湖州吴兴区乡村振兴培训中心（世界乡村旅游大会承办会址）建设项目
- 山东鲁班国际精装物流中心
- 济南都市阳台二组团 C-7 地块项目
- 济南医疗硅谷文化展示中心
- 上合示范区城市会客厅
- 深圳光明区光侨文体中心

Page 062—073
医疗建筑

- 树兰（济南）国际医院项目
- 济南国际医学科学中心医疗硅谷项目（地块 B-11）
- 济南市儿童医院新院区建设项目
- 西安市儿童医院经开院区项目
- 安阳市儿童医院
- 中国中医科学院广安门医院济南医院项目

Page 074—095
教育建筑

- 山东中医药大学国际眼科与视光医学院
- 山东第一医科大学（山东省医学科学院）济南主校区（一期）工程建设项目
- 山东第一医科大学图书馆项目
- 滁州技师学院一期
- 中建八局人才发展中心（山东）项目
- 广东东凤镇小沥小学校舍扩建工程
- 上海惠南 L07-03 小学项目
- 上海惠南 F05-06 幼儿园项目
- 上海惠南 F01-03 幼儿园项目
- 山东省实验中学鹊华校区高中项目
- 济南安置六区小学

Page 096—113
文化旅游

- 南运河文化遗产展示中心项目
- 江苏南城凤凰古街片区开发实施总体策划方案
- 广西六堡茶文化旅游核心区设计
- 山东黄海之眼
- 厦门邮轮中心母港片区综合提升（文旅城）项目
- 杭州余杭区径山茶文化公园
- 新疆霍城县果子沟阿力麻里项目（一期）
- 上海 CCDS·乡村秀竞赛新桥村
- 山东泰安东平湖游客服务中心

Page

114—125
酒店建筑
—
- 广西六堡茶文化酒店项目
- 廊坊大兴国际机场商务综合体项目
- 永康宾馆园周村项目
- 济南泉城驿站
- 徐州大龙湖旅游服务中心
- 上合示范区核心区公共服务配套项目

Page

126—131
产业园区
—
- 中国科学院微生物研究所齐鲁现代微生物技术研究院项目
- 国家生物育种产业创新中心创新能力建设项目
- 国家合成生物技术创新中心核心研发基地

Page

132—161
城市更新
—
- 青岛商会旧址修缮保护项目
- 济南商埠区改造更新项目一期济南宾馆地块项目
- 武汉 SKP 项目
- 上海南京东路 558 号旅游纪念品商厦室内外装修工程
- 上海桃浦中央绿地二期工程二标段
- 槐荫区市立五院周边片区城市更新项目二期
- 上海周家嘴路隧道门户城市景观提升工程
- 南京全民健身中心改造项目
- 贵州茅台天街装修项目
- 洛阳龙门震动机械厂城市更新项目
- 青岛楼山创忆空间项目（一期）
- 金水区支路背街综合改造（经二路等 13 条道路）EPC 项目
- 松原市 2023—2025 年度海绵城市及城市更新建设项目
- 上海汶水东路 450 弄、690 弄旧住房改造竞赛设计方案
- 虹口区中行大楼、四行大楼历史建筑旧房改造项目

Page

162—173
居住建筑
—
- 上海奉贤区奉贤新城 08 单元 07-01 地块
- 上海宝山区顾村大型居住社区 BSP0-0104 单元 0427-01 地块
- 北京大兴国际机场临空经济区（廊坊）起步区、噪音区、综保区、回迁安置房项目 EPC 工程总承包
- 武汉青山滨江商务核心区住宅项目
- 四川凯旋左岸建设项目
- 上海保障性租赁住房设计大赛 - 叠汇居

Page

174—177
市政交通
—
- 青岛市瑞昌路交通枢纽
- 姚庄至西塘应急通道项目

Page

178—193
室内装饰
—
- 山东博物馆"片刻千载"甲骨文化展览陈列项目
- 广西都宜忻人民解放总队纪念馆项目
- 上海 JW 万豪侯爵酒店艺术品工程
- 廊坊九州二级医院项目
- 昌黎文化中心项目
- 中德（济南大学）工业设计创新园区建设项目一期
- 烟台高新区公共卫生服务能力提升项目
- 中建科创投资有限公司室内设计

Page

194—197
海外业务
—
- 埃塞俄比亚商业银行新总部办公楼项目
- 埃塞俄比亚商业银行新总部办公楼项目（室内装饰）

河南省高级人民法院审判法庭建设工程

建设单位：河南省高级人民法院
建筑面积：6.3万 m^2
类型功能：法院
项目区位：河南　郑州
设计时间：2019年
负责阶段：方案设计 + 施工图设计
获奖情况：2021年度河南省优秀工程勘察设计一等奖。

国内司法建筑的新标杆

项目整体规划充分尊重原有院区规划，整体提升老院区品质。建筑立面设计能充分体现法院风格以及中原文化特色，庄重、大方的建筑形象在金水路上独树一帜，给人以强烈的视觉冲击力。

筑梦·城市精品　　　　　　　　　　　　　　　科研办公 ｜ 体育会展 ｜ 医疗建筑 ｜ 教育建筑 ｜ 文化旅游

中科新经济科创园基础设施项目（D-2 地块）

建设单位： 济南先行投资有限责任公司
建筑面积： 8.9 万 m²
类型功能： 办公
项目区位： 山东　济南
设计时间： 2020 年
负责阶段： 施工图设计
方案设计单位： 山东同圆设计集团有限公司
获奖情况： 2023 年度济南市优秀工程勘察设计一等奖、2024 年度山东省优秀工程勘察设计优秀（公共）建筑设计项目二等奖。

| 建筑 | 产业园区 | 城市更新 | 居住建筑 | 市政交通 | 室内装饰 | 海外业务 |

打造生态共享、高效创新的科技园区

项目采用简洁、大方的建筑风格，与整体城市规划风貌相协调，外立面采用矩阵方窗与大面积玻璃幕墙相结合的方式，同时局部设置穿孔铝板、干挂石材等。

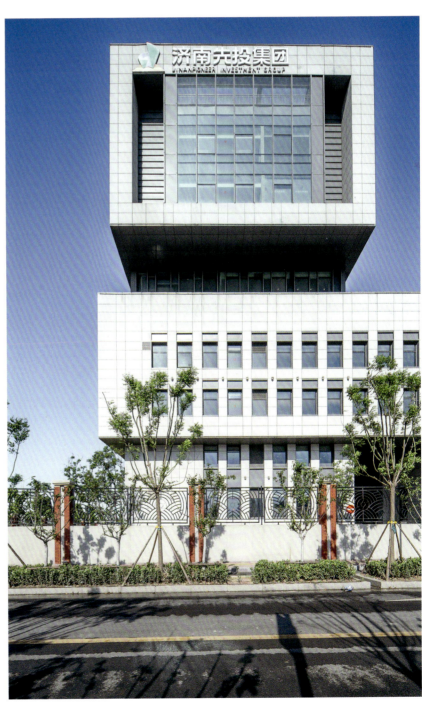

上海临港新片区 PDC1-0401 单元 K01-1 地块

建设单位：上海孚拓置业有限公司
建筑面积：9.9 万 m²
类型功能：办公
项目区位：上海
设计时间：2021 年
负责阶段：施工图设计
方案设计单位：上海 FTA 建筑设计有限公司

打造中建临港总部办公大楼

建筑立面设计简洁、理性，融入韵律感和科技感，与富有情趣和大气的城市空间形成和谐的图底关系，为使用者营造观赏空间，并带来愉悦的体验。

上海临港新片区 PDC1-0401 单元 K05-1 地块

建设单位：上海孚创置业有限公司
建筑面积：10.9 万 m²
类型功能：办公
项目区位：上海
设计时间：2021 年
负责阶段：施工图设计
方案设计单位：上海 FTA 建筑设计有限公司

| 建筑 | 产业园区 | 城市更新 | 居住建筑 | 市政交通 | 室内装饰 | 海外业务 |

打造中建临港科创基地

提供"热带雨林体系"的垂直叠加模式，打造地块社区型花园式科研环境，形成充满活力、创新、互动的生活、工作、娱乐空间。

无锡国家软件园五期项目

建设单位：无锡软件产业发展有限公司
建筑面积：26.1 万 m²
类型功能：办公
项目区位：江苏　无锡
设计时间：2022 年
负责阶段：施工图设计
方案设计单位：上海天华建筑设计有限公司

| 建筑 | 产业园区 | 城市更新 | 居住建筑 | 市政交通 | 室内装饰 | 海外业务 |

延续城市文化，打造城市客厅

整个园区室外既具有独特的趣味性体验空间，又具有精心设计的"自然"空间，通过建筑、景观连廊、庭院来营造街道的氛围，形成一个相对隔离，又生机勃勃、活泼开放的室外公共空间。

上海中微临港总部和研发基地项目

建设单位：中微半导体（上海）股份有限公司
建筑面积：10.6 万 m²
类型功能：办公
项目区位：上海
设计时间：2021 年
负责阶段：方案设计 + 施工图设计

天空之幕，科技灯塔

整体形象从古典到当下再到科技未来，逐层递进，是历史厚重与现代激情的激荡碰撞与完美结合。建筑顶部采用 LED 屏打造天空之幕，引入临港周边景色风光，与临港周围的环境交相辉映，营造飘浮于空中的科技未来感，象征着临港科创片区的科技灯塔。

| 科研办公 | 体育会展 | 医疗建筑 | 教育建筑 | 文化旅游

西部（咸阳）科技创业湾科研工坊项目

建设单位：陕西地建科创湾置业有限责任公司
建筑面积：21.7 万 m²
类型功能：科研办公
项目区位：陕西　咸阳
设计时间：2023 年
负责阶段：方案设计 + 施工图设计

| 建筑 | 产业园区 | 城市更新 | 居住建筑 | 市政交通 | 室内装饰 | 海外业务

筑梦·城市精品　　　　　　　　　　| 科研办公 | 体育会展 | 医疗建筑 | 教育建筑 | 文化旅游

济南汉云谷产业园绿色金融总部建设项目

建设单位：济南汉云谷产业园管理有限公司
建筑面积：20.9 万 m^2
类型功能：酒店、商业、办公
项目区位：山东　济南
设计时间：2024 年
负责阶段：施工图设计
方案设计单位：同圆设计集团股份有限公司

建筑　|　产业园区　|　城市更新　|　居住建筑　|　市政交通　|　室内装饰　|　海外业务

能源、产业、生态、标识，"四位一体"共建共营共生的复合园区

以 AI 大数据 + 物联网为核心，开放边界、互联互通，以价值共生、价值互生、价值再生，为理念构建与人才不断创新的产业裂变型生态体系。引领山东省数字经济及金融经济发展，推动数字化产业应用辐射全国。

广东松山湖材料实验室一期工程（第一批）

建设单位：松山湖材料实验室
建筑面积：12.7 万 m²
类型功能：办公
项目区位：广东　东莞
设计时间：2019 年
负责阶段：方案设计 + 施工图设计
获奖情况：2022 年度济南市优秀工程勘察设计二等奖、第十四届广东省土木工程"詹天佑故乡杯"奖、中国施工企业管理协会绿色建造工业委员会工程建设项目设计水平评价二等成果。

将山、水、林、田、城融为一体

结合岭南建筑特色与现代理念，创造集服务、交流、休憩、展示于一体的新型建筑结构，设计遵循顺应生态、创新独特、最小干预、绿色节能、体验为先五大原则。

沈阳智能计算中心新基建项目

建设单位：沈阳首府智算赋能资产投资管理有限责任公司
建筑面积：3.9 万 m²
类型功能：数据中心、办公、会议
项目区位：辽宁　沈阳
设计时间：2023 年
负责阶段：施工图设计
方案设计单位：深圳市城市规划设计研究院股份有限公司

以"du"为创意的整体空间格局

整体规划以百度数据中心为核心，以"du"为创意灵感，形成了巧妙而紧凑的空间布局形式，主要建筑包含智算中心、赋能中心、生活中心。整体建筑采用玻璃幕墙及金属装饰材料，建筑造型动感、前卫，充分体现出了智慧园区的科技感与未来感。

广东中山电子基地科创园

建设单位：中山火炬工业集团有限公司
建筑面积：10.4 万 m²
类型功能：办公、厂房
项目区位：广东　中山
设计时间：2022 年
负责阶段：施工图设计
方案设计单位：广东中山建筑设计院股份有限公司

产业园区 | 城市更新 | 居住建筑 | 市政交通 | 室内装饰 | 海外业务

中建八局北方总部大厦项目

主办单位：山东省勘察设计协会
建筑面积：18.9 万 m²
类型功能：办公
项目区位：山东　济南
设计时间：2021 年
负责阶段：方案设计
获奖情况：2021 年第七届山东省优秀建筑设计方案二等奖。

打造造型独特、形态友好的城市有机体

建筑设计从城市角度出发，充分考虑城市环境，以最友好的形态关系对话 CBD 和城市道路，并充分运用景观优势将景观引入基地内部，打造造型独特、形态友好的城市有机体。

大连梭鱼湾专业足球场项目

建设单位：大连市土地发展集团有限公司
建筑面积：13.6 万 m²
类型功能：体育场
项目区位：辽宁　大连
设计时间：2021 年
负责阶段：施工图设计
方案设计单位：© BDP Pattern、© Buro Happold、哈尔滨工业大学建筑设计研究院
获奖情况：2024 年黑龙江省工程勘察设计一等奖。

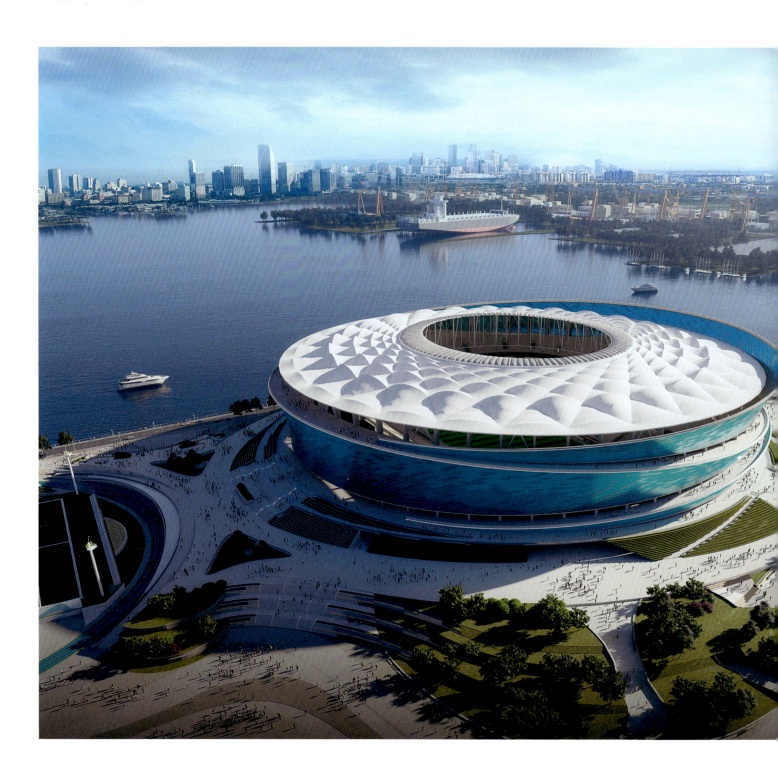

| 产业园区 | 城市更新 | 居住建筑 | 市政交通 | 室内装饰 | 海外业务 |

中国体育建筑代表作之一

建筑位置三面环海,通过自然交互与智性营建,实现设计特色;设计灵感来源于"海浪与海螺",设计理念为"炫彩叠浪",建筑立面色彩为"海洋蓝",顶棚呈白色,"蓝海白云"与饰面象征波光粼粼的水之形态,将大连的海洋文化、足球精神融于一体。球场可以提供非常好的观赛视野和热烈的赛事氛围,和国内其他球场相比,球迷们能更直观和近距离地观看比赛。建筑已通过亚洲足球联合会审核,达到承办国际顶级赛事的标准,并承担了2023年大连国际足球邀请赛、国奥队巴黎奥运会预选赛、中国足球协会超级联赛、2026年世界杯亚洲区预选赛第三阶段比赛等重要赛事。

洛阳市奥林匹克中心一期项目

建设单位：洛阳天翼建设开发有限公司
建筑面积：18.28 万 m²
类型功能：体育
项目区位：河南　洛阳
设计时间：2020 年
负责阶段：施工图设计
方案设计单位：中国建筑西南设计研究院有限公司、洛阳市规划建筑设计研究院有限公司
获奖情况：2023 年度河南省优秀工程勘察设计一等奖、2022—2023 年度中国建设工程鲁班奖（国家优质工程）、2023 年度河南省建设工程"中州杯"（省优质工程）、2022 年度中建八局优质工程十佳工程、第十五届第二批"中国钢结构金奖"工程（含 BIM 技术应用）、第五届建设工程"中原杯"BIM 大赛一等奖等 BIM 奖 6 项、上海市第九届 BIM 技术应用大赛一等奖。

山环水绕国色开，丝路弘扬体育魂

项目整体设计理念为"山环水绕国色开，丝路弘扬体育魂"，提取"牡丹"与"丝绸之路"的元素进行展示，形成"一环两轴四园"的空间格局，展现洛阳作为"丝绸之路"东方起点的古韵新风，描绘洛阳勇攀高峰的运动精神。

青岛·上合之珠国际博览中心

建设单位：青岛城通融合投资有限公司
建筑面积：16.9 万 m²
类型功能：会展
项目区位：山东 青岛
设计时间：2022 年
负责阶段：施工图设计
方案设计单位：中国建筑设计研究院有限公司
获奖情况：2023 年度上海市优秀设计奖、入围 2022—2023 年度上海设计 100+ 奖、中国建筑工程装饰奖（建筑幕墙设计类）、第二届全国仿真创新应用大赛仿真创新设计赛道领军组全国一等奖、2022 年度青岛市优秀建筑设计奖一等奖、2023 年度青岛市优秀工程勘察设计奖一等奖。

海汇繁花，珠贝生辉

建筑造型采用富有韵律的连续起伏屋面，审美意象既具有文化感又富有现代气息，如意湖视角的"上合之贝"意象，更具文化地标的作用，同时建筑注重环保和节能，体现绿色建筑等可持续发展的时代要求。

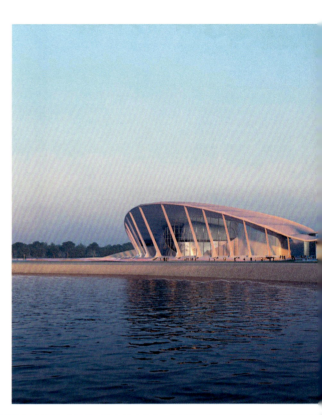

| 产业园区 | 城市更新 | 居住建筑 | 市政交通 | 室内装饰 | 海外业务

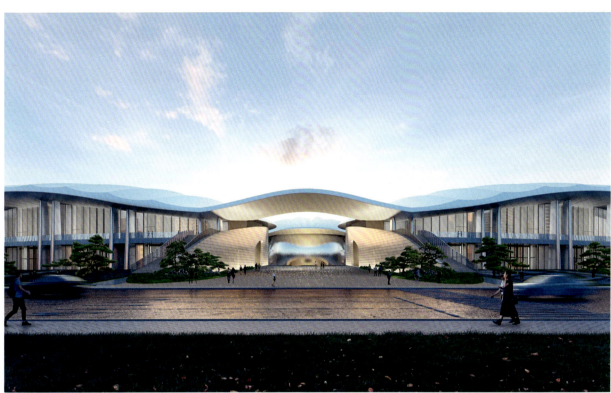

科研办公 | **体育会展** | 医疗建筑 | 教育建筑 | 文化旅游

上合组织农业科技展示交流中心项目

建设单位：杨凌城乡投资建设开发有限公司
建筑面积：4.5 万 m²
类型功能：会展
项目区位：陕西　咸阳
设计时间：2019 年
负责阶段：方案设计 + 施工图设计
获奖情况：2020—2021 年度第二批国家优质工程奖、2021 年度陕西省建设工程"长安杯"奖（省优质工程）、2021 年度上海市优秀工程勘察设计项目三等奖。

打造集会议、展览、餐饮于一体的综合展馆

整体造型汲取《诗·小雅·斯干》中"如鸟斯革，如翚斯飞"的寓意，结合秦岭连绵山脉的起势，从南向北、从北向南交叠升起，呈现一种向上的动感态势，恰似大鹏展翅。屋面舒展的弧线形似破浪风帆，象征"科技"和"农业"犹如两片羽翼展翅飞翔、奋起高歌、砥砺前行，展现时尚、大气的建筑效果，象征杨凌人奋力探索现代农业高新科技的最高峰。

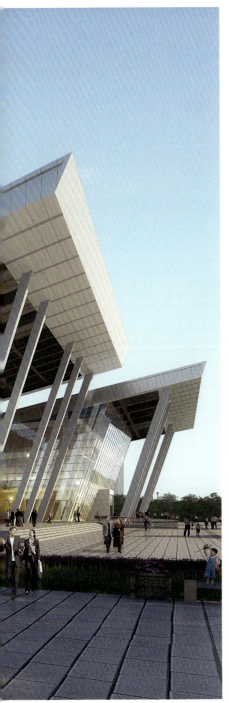

湖州吴兴区乡村振兴培训中心（世界乡村旅游大会承办会址）建设项目

建设单位：湖州八里店生态农业发展有限公司
建筑面积：3.3 万 m^2
类型功能：会议
项目区位：浙江　湖州
设计时间：2019 年
负责阶段：施工图设计
方案设计单位：湖州市城市规划设计研究院
获奖情况：2022 年济南市优秀工程勘察设计一等奖。

建筑 | 产业园区 | 城市更新 | 居住建筑 | 市政交通 | 室内装饰 | 海外业务

从当今走向未来，搭建时间中的桥梁和记忆

项目呈中轴线对称分布，建筑造型蜿蜒如丝绸飘带，形体自然围合出"庭院"空间，建筑周边道路与环境设计体现步移景异的景观效果，周边湖泊池塘与稻田桑树相互映衬，形成一幅生动的江南画卷。

| 筑梦 · 城市精品 | 科研办公 | 体育会展 | 医疗建筑 | 教育建筑 | 文化旅游 |

山东鲁班国际精装物流中心

建设单位：山东鲁班精装小镇项目有限公司
建筑面积：10.8 万 m²
类型功能：展览
项目区位：山东 临沂
设计时间：2020 年
负责阶段：方案设计 + 施工图设计
获奖情况：2021 年第七届山东省优秀建筑设计方案二等奖、2023 年度济南市优秀工程勘察设计一等奖、2024 年度山东省优秀工程勘察设计优秀（公共）建筑设计项目二等奖。

云起龙腾的建筑理念，象征着鲁班精装产业的腾飞之势

这座建筑不仅是一座建筑，还是一个充满时尚和艺术气息的中心，将用地标性的建筑立面、会呼吸的活力广场、多层次的空间序列，为临沂打造一张新的城市名片。

| 建筑 | 产业园区 | 城市更新 | 居住建筑 | 市政交通 | 室内装饰 | 海外业务 |

济南都市阳台二组团 C-7 地块项目

建设单位：济南先投产业发展有限公司
建筑面积：8.1 万 m²
类型功能：展厅
项目区位：山东　济南
设计时间：2020 年
负责阶段：施工图设计
方案设计单位：天津华汇工程建筑设计有限公司
获奖情况：2023 年度济南市优秀工程勘察设计一等奖、2024 年工程建设项目设计水平评价三等成果。

| 建筑 | 产业园区 | 城市更新 | 居住建筑 | 市政交通 | 室内装饰 | 海外业务 |

济南医疗硅谷文化展示中心

建设单位：山东新泉城置业有限公司
建筑面积：5.7万 m²
类型功能：展览
项目区位：山东　济南
设计时间：2021年
负责阶段：方案设计＋施工图设计
获奖情况：2021年第七届山东省优秀建筑设计方案一等奖。

| 建筑 | 产业园区 | 城市更新 | 居住建筑 | 市政交通 | 室内装饰 | 海外业务 |

泉声悠扬，医韵生辉

立面采用浅灰色竖向线条、玻璃幕墙等，体现建筑的柔性特征。整座建筑刚柔并济、轻盈整洁，象征泉水的清澈、滋润和医学的净化、健康，体现出"泉声悠扬，医韵生辉"的设计理念。

筑梦 · 城市精品　　　　　　　　　　科研办公　|　体育会展　|　医疗建筑　|　教育建筑　|　文化旅游

上合示范区城市会客厅

建设单位：中建八局发展建设公司
建筑面积：0.5 万 m²
类型功能：展览接待
项目区位：山东　青岛
设计时间：2023 年
负责阶段：方案设计 + 施工图设计

以弧线与直线的笔触交叠，回应上合之"合"的理念

上合示范区城市会客厅作为上合国际城对外的展示窗口，将作为政府接待、招商展览、会议洽谈等功能使用，同时也为上合国际城项目工作人员提供日常办公、会议、餐饮等空间，保障上合国际城片区的开发建设与运营维护。

| 科研办公 | 体育会展 | 医疗建筑 | 教育建筑 | 文化旅游

深圳光明区光侨文体中心

建设单位：深圳市光明区文化广电旅游体育局
建筑面积：6.17万 m²
类型功能：文化中心
项目区位：广东　深圳
设计时间：2022 年
负责阶段：方案设计

| 产业园区 | 城市更新 | 居住建筑 | 市政交通 | 室内装饰 | 海外业务 |

树兰（济南）国际医院项目

建设单位：济南市城市建设投资有限公司
建筑面积：34.1 万 m²
类型功能：医疗
项目区位：山东　济南
设计时间：2020 年
负责阶段：方案设计 + 施工图设计
获奖情况：2020 年第十一届"创新杯"建筑信息模型（BIM）应用大赛（医疗类 BIM 应用）一等成果、2020"SMART BIM"智建 BIM 大赛二等奖、2021 年第七届山东省优秀建筑设计方案一等奖、2021 年度"山东省建筑工程优质结构"、2023 年第三届全国装配式机电工程设计应用技能大赛应用组综合类二等奖、2024 年度济南市优秀工程勘察设计一等奖、2024 年工程建设项目设计水平评价结果二等成果、2020 年中国建筑优秀勘察设计奖优秀建筑方案设计三等奖。

打造北方地区高品质的新型医疗健康服务样板

整合国内各临床专家团队支撑的国际化、高端化、特色化综合医疗项目，是医学中心核心医疗版块的引领项目，对于医学中心实现医教研融合创新发展具有重要支撑意义。

| 科研办公 | 体育会展 | **医疗建筑** | 教育建筑 | 文化旅游

济南国际医学科学中心医疗硅谷项目（地块 B-11）

建设单位：山东新泉城置业有限公司
建筑面积：50.1 万 m²
类型功能：医疗
项目区位：山东　济南
设计时间：2020 年
负责阶段：方案设计 + 施工图设计
获奖情况：2021 年第七届山东省优秀建筑设计方案一等奖。

山、水、院

以"传承历史、崇实求新"为设计理念，以"两轴一心"为规划设计思路，融合现代与传统医疗科研文化，打造高品质医疗科研康养片区，将传统规划理念结合现实需求，营造出层层递进的空间格局，创造高品质医院群体。建筑立面采用"波光粼粼"的深色玻璃、清新现代的浅灰色金属铝板，局部点缀鲜明活泼的木色实墙和大气深沉的深灰色金属铝板，素雅平和、清幽美丽。

济南市儿童医院新院区建设项目

建设单位：济南市儿童医院
建筑面积：32.6 万 m²
类型功能：医院
项目区位：山东　济南
设计时间：2024 年
负责阶段：施工图设计
方案设计单位：山东省建筑设计研究院有限公司

| 建筑 | 产业园区 | 城市更新 | 居住建筑 | 市政交通 | 室内装饰 | 海外业务 |

泉城水韵，扬帆启航

充分考虑并利用巨野河的景观优势，打造彰显济南地域文化以及充满童趣和自然的现代化儿童医院。建筑整体舒展流畅，彰显水韵动感。主楼造型仿佛扬起的风帆，寓意着承载希望，迎接未来。

西安市儿童医院经开院区项目

建设单位：西安市儿童医院
建筑面积：47.9 万 m²
类型功能：医疗
项目区位：陕西　西安
设计时间：2020 年
负责阶段：施工图设计
方案设计单位：中衡设计集团股份有限公司

| 建筑 | 产业园区 | 城市更新 | 居住建筑 | 市政交通 | 室内装饰 | 海外业务 |

布局分"内城"与"外郭",形成内静、外动的空间

建筑总体布局分"内城"与"外郭"两部分。内城主要布置核心医技区和住院部,为患者提供安静的疗愈环境。外郭布置儿科综合门急诊、体检儿保、教学、科研、行政办公楼等人流量较大或功能相对独立的区域,各功能形成独立模块,方便人流集散及分期建设。总体空间布局上采取内静、外动的设计理念。

筑梦 · 城市精品 　　　　　　　　　　　　　　| 科研办公　| 体育会展　| 医疗建筑　| 教育建筑　| 文化旅游

安阳市儿童医院

建设单位：安阳市妇幼保健院
建筑面积：13.8 万 m^2
类型功能：医院
项目区位：河南　安阳
设计时间：2022 年
负责阶段：方案设计 + 施工图设计

因院而生，临森而愈

方案以"生命之树"的设计理念融入院区的整体规划，象征着生命的孕育与生生不息，寓意院区的生机活力及蓬勃发展，使自然与建筑交融共通。以"儿童"为中心，把医院变成游乐场，打造绿色生态、充满人文关怀的疗愈空间。

| 科研办公 | 体育会展 | **医疗建筑** | 教育建筑 | 文化旅游

中国中医科学院广安门医院济南医院项目

建设单位：广安门医院济南医院（济南市中医医院、济南市中医药研究所）
建筑面积：24.1万 m²
类型功能：医院
项目区位：山东　济南
设计时间：2023年
负责阶段：施工图设计
方案设计单位：同圆设计集团股份有限公司

国家级区域医疗中心

项目作为国家级医学中心充分利用资源优势，发挥广安门医院与济南中医院各自优势科室的学科影响力，做强做大西医薄弱科室，做精做强中医科学的建设和创新，彰显大中医自身实力，做"强专科、大综合"的国家级区域医疗中心。

山东中医药大学国际眼科与视光医学院

建设单位：山东中医药大学
建筑面积：16.1万 m²
类型功能：学校
项目区位：山东　济南
设计时间：2020年
负责阶段：方案设计 + 施工图设计
获奖情况：2024年度山东省优秀工程勘察设计优秀（公共）建筑设计项目二等奖。

"大围合、园林式"的整体空间格局

将主要建筑群体布置在地块外侧,长廊是游览的路线,"随形而弯,宜曲宜长则胜",将整个校园连为一个整体。在校园内部围合出独立、完整的绿地景观,打造舒适健康、绿色生态的校园环境。

山东第一医科大学（山东省医学科学院）济南主校区（一期）工程建设项目

建设单位：山东第一医科大学
建筑面积：90.5 万 m²
类型功能：学校
项目区位：山东　济南
设计时间：2018 年
负责阶段：施工图设计
方案设计单位：天津大学建筑设计规划研究总院有限公司
获奖情况：山东第一医科大学——2020 年度济南市优秀工程勘察设计一等奖；大学生活动中心——2020 年度济南市优秀工程勘察设计一等奖、中国建筑优秀勘察设计奖优秀（公共）建筑设计三等奖、中国建筑优秀勘察设计奖优秀建筑环境与能源应用三等奖、2021 年度山东省优秀工程勘察设计成果竞赛优秀（公共）建筑设计项目二等奖、2022 年工程建设项目设计水平评价三等成果；图书馆——2019 年第六届山东省优秀建筑设计方案三等奖、第十三届中国国际空间设计大赛银奖；公共教学楼 A——2021 年度济南市优秀工程勘察设计二等奖、2021 年度山东省优秀工程勘察设计成果竞赛二等奖；东区 2 号食堂——2021 年度山东省优秀工程勘察设计成果竞赛优秀（公共）建筑设计项目二等奖；行政服务中心——2022 年度济南市优秀工程勘察设计三等奖。

集医学教育、医学科学研究、药科学研究于一体的综合性医科大学

在规划方案招标、建筑方案设计、施工图设计、专项深化设计、驻场技术服务等工作中实现了"全过程、全专业、一揽子"的设计技术服务。

山东第一医科大学图书馆项目

建设单位：山东第一医科大学
建筑面积：6.7 万 m²
类型功能：图书馆
项目区位：山东　济南
设计时间：2018 年
负责阶段：施工图设计
方案设计单位：天津大学建筑设计规划研究总院有限公司
获奖情况：2022 年度济南市优秀工程勘察设计一等奖、2024 年度山东省优秀工程勘察设计优秀（公共）建筑设计项目二等奖。

医学之冠

作为校园的核心建筑，纯粹的方形体量既是南侧礼仪广场的底景，又是西侧景观湖面的底景，也是北侧、东侧灵动建筑群的环绕核心。图书馆内院是简洁的圆形，方圆之间创造出丰富的交流空间。

| 科研办公 | 体育会展 | 医疗建筑 | **教育建筑** | 文化旅游

滁州技师学院一期

建设单位：滁州南谯区新城产业发展有限公司
建筑面积：19.8 万 m²
类型功能：学校
项目区位：安徽　滁州
设计时间：2023 年
负责阶段：方案设计 + 施工图设计

集文化、生活、安全、健康、发展于一体的理想校园环境

设计以横向线条为主,通过体块穿插和现代造型手法,使得校园整体表现出积极向上的活力。整体改造方案设计对现场已建成的主体结构改动较小,更易实现,并且后期使用更加安全。打造一轴引领:校园文化形象主轴贯穿校园南北;二轴联动:校园生活轴、校园文化轴串联整个校园活动空间;三核驱动:形象展示核、文化展示核、生态景观核奠定校园文化基础的整体景观结构。

中建八局人才发展中心（山东）项目

建设单位：中建绿色建筑产业园（济南）有限公司
建筑面积：0.97 万 m²
类型功能：教育培训
项目区位：山东　济南
设计时间：2021 年
负责阶段：方案设计 + 施工图设计
获奖情况：2023 年济南市建筑师负责制试点项目、2023 年度济南市优秀工程勘察设计一等奖、2021 年第七届山东省优秀建筑设计方案二等奖。

竹韵折扇，浮台书院

项目采用集约化设计理念，高密度融合＋共享平台的方式将功能需求融合统一。采用预制装配装饰一体化技术，将装配式构件作为建筑外立面，形成具有特色的建筑韵律美感。同时采用太阳能光伏、被动式遮阳、雨水收集、通风穿孔百叶等多项主被动节能技术，使建筑在使用时达到绿色节能的目的。

广东东凤镇小沥小学校舍扩建工程

建设单位：中山市东凤镇民乐社区股份合作经济联合社
建筑面积：0.5 万 m²
类型功能：学校
项目区位：广东　中山
设计时间：2022 年
负责阶段：方案设计 + 施工图设计

漫游，小尺度，微社会，多样性

在垂直交通上置入漫步台阶，为学生创造更多的交流活动空间，使学生可以穿行于校园各个角落。每层平面都设置有不同尺度且适合学生游戏的共享空间，寓教于乐，让学生在学习中学会交流与分享。

上海惠南 L07-03 小学项目

建设单位：上海中建东孚投资发展有限公司
建筑面积：2.2 万 m^2
类型功能：学校
项目区位：上海
设计时间：2023 年
负责阶段：方案设计 + 施工图设计

上海惠南 F05-06 幼儿园项目

建设单位：上海中建东孚投资发展有限公司
建筑面积：0.9 万 m^2
类型功能：学校
项目区位：上海
设计时间：2023 年
负责阶段：方案设计 + 施工图设计

| 建筑 | 产业园区 | 城市更新 | 居住建筑 | 市政交通 | 室内装饰 | 海外业务 |

上海惠南 F01-03 幼儿园项目

建设单位：上海中建东孚投资发展有限公司
建筑面积：0.8 万 m²
类型功能：学校
项目区位：上海
设计时间：2023 年
负责阶段：方案设计 + 施工图设计

山东省实验中学鹊华校区高中项目

建设单位：济南先行城市发展有限公司
建筑面积：15.1 万 m²
类型功能：教育建筑
项目区位：山东　济南
设计时间：2021 年
负责阶段：施工图设计
方案设计单位：山东同创设计咨询集团有限公司

济南市起步区的教育名片

项目是济南市委、市政府围绕黄河流域生态保护和高质量发展重大国家战略打造的一所国内一流标杆学校,设计理念从高标准、高科技、高颜值角度出发,校园设置学习、生活、活动分区,动静分离,拓宽师生的学习、交流、文化空间,让师生在此放松身心,感受美好,切实为片区教育事业高质量发展提供了坚实保障。

济南安置六区小学

建设单位：新泉城置业
建筑面积：1.7 万 m²
类型功能：学校
项目区位：山东　济南
设计时间：2020 年
负责阶段：方案设计
获奖情况：2021 年第七届山东省优秀建筑设计方案二等奖。

依线筑园

在自然中学习,打造生态建筑与绿色建筑的新典范。打造"知识花园"与"创意平台"相结合的教学场景,北立面设置大量活动平台,为孩子们提供课间活动场所。

南运河文化遗产展示中心项目

建设单位：德州市德城区重点建设投资有限公司
建筑面积：13.4 万 m²
类型功能：文化旅游
项目区位：山东　德州
设计时间：2022 年
负责阶段：方案设计 + 施工图设计
方案设计单位：中国建筑西南设计研究院有限公司
获奖情况：2023 年度青岛市优秀建筑设计一等奖、2024 年度山东省优秀建筑设计方案三等奖。

城市的客厅，一张文化的名片，建筑群古韵新作

该项目是目前山东省规模最大的博物馆群，未来将会成为德州城市的客厅，一张文化的名片。它汇聚古今，通达八方，生机勃勃，于方寸之间，展现千年历史。建筑群整体形象立足于古韵新作，建筑群屋顶的形式来源于对中国北方传统硬山屋顶的演绎提取，形成了传统与现代相融合的坡屋顶建筑群。博物馆立面意向取自漳水千帆的古运河胜景，昭示着运河文化的再续繁荣。

江苏南城凤凰古街片区开发实施总体策划方案

建设单位：连云港市城建控股集团有限公司
建筑面积：6.3 万 m²
类型功能：文旅
项目区位：江苏　连云港
设计时间：2023 年
负责阶段：方案设计

凤凰涅槃，古城新生

南城片区有着源远流长的凤凰崇拜、兼容并蓄的建筑文化、内涵丰富的摩崖石刻、多元开放的宗教信仰、传承不息的宗族观念、特色多彩的民俗传说。项目以南城传统风貌为背景，以凤凰文化为主体，以新型业态为催化剂，以历史保护兼顾特色旅游为目标，打造具有核心竞争力的复合型历史文化街区。

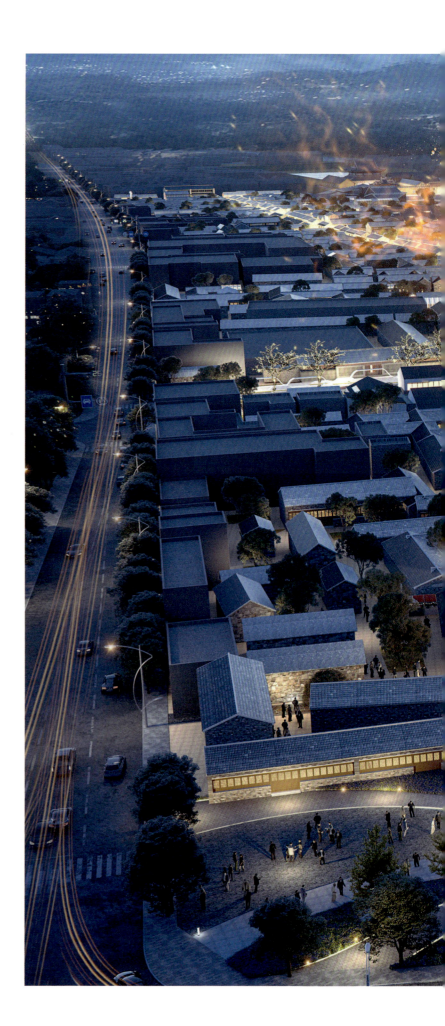

| 产业园区 | 城市更新 | 居住建筑 | 市政交通 | 室内装饰 | 海外业务

广西六堡茶文化旅游核心区设计

建设单位：苍梧县六堡茶产业发展有限公司
建筑面积：5.1万 m^2
类型功能：文旅
项目区位：广西　梧州
设计时间：2023年
负责阶段：方案设计 + 初步设计

茶之雅味，茶之闲趣，茶之野味

通过建筑场景的营造将"茶之三味"与"地之四型"打通，实现文化、建筑和自然的完美融合，以吸引多种类型的人流，使未来多样化的经营具备可能性。

山东黄海之眼

建设单位: 日照文化旅游集团有限公司
建筑面积: 0.9万 m²
类型功能: 文旅
项目区位: 山东　日照
设计时间: 2018年
负责阶段: 施工图设计
方案设计单位: 上海德稻集群文化创意产业(集团)有限公司
获奖情况: 第十二届"创新杯"建筑信息模型(BIM)应用大赛(文化体育类BIM应用)三等奖。

| 建筑 | 产业园区 | 城市更新 | 居住建筑 | 市政交通 | 室内装饰 | 海外业务 |

初升之日点睛，形成壮美的巨目形象

以"大音希声，大象无形"为创作理念，设计了一座造型独特、完全通透的全钢架玻璃拱桥，拱桥正中央最高处建有一座可同时容纳400人的圆形露天观景平台。

厦门邮轮中心母港片区综合提升（文旅城）项目

建设单位：厦门国际邮轮母港集团有限公司
建筑面积：13.9 万 m²
类型功能：文旅
项目区位：福建　厦门
设计时间：2023 年
负责阶段：方案设计 + 初步设计 + 施工图设计

闽南文化的文旅城市更新

营造以厦门城市文化为核心的非日常极致体验，打造可商、可游的超级文化体验空间。本项目预计打造成为游客量350万人/年，集滨海观光、文化休闲、城市度假等功能于一体的国际超一流城市休闲文商旅综合体与多维度、深层次的文商旅标杆项目。

杭州余杭区径山茶文化公园

建设单位：杭州余杭径山旅游度假有限公司
建筑面积：0.4万㎡
类型功能：文旅
项目区位：浙江　杭州
设计时间：2023年
负责阶段：方案设计 + 初步设计 + 施工图设计

沉浸式三茶融合样板,世界级茶文化胜地

挖掘径山茶文化底蕴,植入新业态、新内容,打造极致的"茶文化、茶产业、茶科技"三茶融合全球新样板,带动引领茶文化、茶产业、茶科技高质量统筹发展,形成茶与文旅产业的深度融合,助推径山茶产业振兴发展。

新疆霍城县果子沟阿力麻里项目（一期）

建设单位：霍城县古道云桥文化旅游发展有限责任公司
建筑面积：1.3 万 m²
类型功能：文旅
项目区位：新疆　伊犁州
设计时间：2024 年
负责阶段：施工图设计
方案设计单位：无锡拈花湾文化旅游发展有限公司

完善旅游产品配套,助力城市品牌打造

项目分为主游客服务中心、D、H、G、金顶 5 个地块,依托果子沟天然的生态资源,通过景区交通规划的合理串联和形象塑造,深度挖掘新疆地区文化特色,植入生态、自然、野趣、文化、民族风情,打造伊犁风情立体化生态谷口。

上海 CCDS·乡村秀竞赛新桥村

主办单位：上海市勘察设计协会
建筑面积：27.4 万 m²
类型功能：乡村改造
项目区位：上海
设计时间：2022 年
负责阶段：方案设计
获奖情况：2022 年"乡村秀·CCDS"设计大赛一等奖。

| 建筑 | 产业园区 | 城市更新 | 居住建筑 | 市政交通 | 室内装饰 | 海外业务 |

新桥拾忆，酒焕新颜

设计以乡村田园风光为主导，人工景观为辅助，在尊重原有肌理风貌的前提下，置入功能性场所，即以一种"低姿态，微整形"的设计手法重塑江南水乡的乡村风貌。

筑梦·城市精品 | 科研办公 | 体育会展 | 医疗建筑 | 教育建筑 | 文化旅游

山东泰安东平湖游客服务中心

主办单位：山东省勘察设计协会
建筑面积：0.51 万 m²
类型功能：文旅
项目区位：山东　泰安
设计时间：2021 年
负责阶段：方案设计
获奖情况：2021 年第七届山东省优秀建筑设计方案一等奖。

依山就势，坐山观湖

设计采用地景的手法，用长坡道及大台阶连通了场地和建筑屋顶，游客可沿坡道至屋顶散步，在平台上可以多方位观看壮阔的湖泊，眺望远处的山脉和悠然的田园胜景。

| 建筑 | 产业园区 | 城市更新 | 居住建筑 | 市政交通 | 室内装饰 | 海外业务 |

筑梦 · 城市精品　　　　　　　　　　| 科研办公　　| 体育会展　　| 医疗建筑　　| 教育建筑　　| 文化旅游

广西六堡茶文化酒店项目

建设单位：苍梧县农村投资集团有限公司
建筑面积：3.9 万 m²
类型功能：酒店
项目区位：广西　梧州
设计时间：2024 年
负责阶段：方案设计 + 扩初设计

建筑 | 产业园区 | 城市更新 | 居住建筑 | 市政交通 | 室内装饰 | 海外业务

廊坊大兴国际机场商务综合体项目

建设单位：河北临空集团有限公司
建筑面积：10.1 万 m²
类型功能：酒店 + 办公
项目区位：河北　廊坊
设计时间：2024 年
负责阶段：施工图设计
方案设计单位：中国建筑设计研究院有限公司

| 建筑 | 产业园区 | 城市更新 | 居住建筑 | 市政交通 | 室内装饰 | 海外业务 |

筑梦·城市精品 | 科研办公 | 体育会展 | 医疗建筑 | 教育建筑 | 文化旅游

永康宾馆园周村项目

建设单位：永康宾馆有限公司
建筑面积：6.7 万 m²
类型功能：酒店
项目区位：浙江　金华
设计时间：2022 年
负责阶段：方案设计

山水入境，五金筑府

项目依山傍水，建筑适应环境，周边有水系、村庄、小山等，能够因地制宜地通过各个角度的设计进行协调，结合水系，创造绝佳水景。

| 产业园区 | 城市更新 | 居住建筑 | 市政交通 | 室内装饰 | 海外业务 |

济南泉城驿站

建设单位：济南泉驿建设发展有限公司
建筑面积：13.4 万 m^2
类型功能：公寓酒店
项目区位：山东　济南
设计时间：2021 年
负责阶段：方案设计 + 施工图设计
获奖情况：2023 年度济南市优秀工程勘察设计三等奖、2023 年度济南市优秀工程勘察设计建筑智能化专项二等奖。

平急两用，功能转换

泉城驿站项目建成后即作为应急场所投入使用，后以租赁型公寓的形式面向社会出租，部分楼座正在签约养老机构入驻。本项目"急"与"平"的两次运营实践充分说明了"平急两用"模式适用范围广、使用效率高、社会意义重要的特点。

| 科研办公 | 体育会展 | 医疗建筑 | 教育建筑 | 文化旅游

徐州大龙湖旅游服务中心

建设单位：徐州市产城发展集团有限公司
建筑面积：1.4万㎡
类型功能：酒店
项目区位：江苏　徐州
设计时间：2023年
负责阶段：施工图设计
方案设计单位：悉地国际设计顾问（深圳）有限公司

楚风汉韵，婀娜典雅，五星酒店

项目在吸取既有大龙湖建筑错落有致和深浅结合的色彩搭配基础上，采用中式风格，体现楚风汉韵的大气简洁，利用多层次的细节创造变化并融合出风的婀娜和典雅，是集餐饮、住宿、会议于一体的五星级综合类酒店。

上合示范区核心区公共服务配套项目

建设单位：青岛上合汇智园区运营管理有限公司
建筑面积：13.9 万 m²
类型功能：酒店 + 会议
项目区位：山东　青岛
设计时间：2023 年
负责阶段：施工图设计
方案设计单位：华南理工大学建筑设计研究院有限公司
获奖情况：2024 年度上海设计 100+ 奖、2023 年度青岛市优秀建筑设计二等奖。

| 产业园区 | 城市更新 | 居住建筑 | 市政交通 | 室内装饰 | 海外业务 |

| 科研办公 | 体育会展 | 医疗建筑 | 教育建筑 | 文化旅游

中国科学院微生物研究所齐鲁现代微生物技术研究院项目

建设单位：济南城市建设投资集团有限公司
建筑面积：12.1万 m²
类型功能：教育科研
项目区位：山东　济南
设计时间：2020年
负责阶段：施工图设计
方案设计单位：中国建筑设计研究院有限公司
获奖情况：山东省建筑工程优质结构奖、2024年度山东省优秀工程勘察设计优秀（公共）建筑设计项目二等奖。

| 产业园区 | 城市更新 | 居住建筑 | 市政交通 | 室内装饰 | 海外业务 |

呈现科研建筑新面貌，营造复合型园区

项目功能复杂，有真菌中心、基因组编辑中心、检测中心、数据中心、协同健康医学中心、模式动物中心、高等级生物安全实验室、高端生物成像中心、协同健康医学中心配楼和智能温室。

| 科研办公 | 体育会展 | 医疗建筑 | 教育建筑 | 文化旅游

国家生物育种产业创新中心创新能力建设项目

建设单位： 河南生物育种中心有限公司
建筑面积： 6.1 万 m²
类型功能： 产业园区
项目区位： 河南 新乡
设计时间： 2020 年
负责阶段： 施工图设计
方案设计单位： 华南理工大学建筑设计研究院
获奖情况： 2022—2023 年度河南省工程建设优质工程、2022 年度河南省建筑业新技术应用示范工程、2022 年度（上半年）河南省工程建设优质结构工程、2021 年度河南省第四届"匠心杯"工程建设 BIM 应用技术大赛三等奖。

| 建筑 | 产业园区 | 城市更新 | 居住建筑 | 市政交通 | 室内装饰 | 海外业务 |

| 科研办公 | 体育会展 | 医疗建筑 | 教育建筑 | 文化旅游

国家合成生物技术创新中心核心研发基地

建设单位： 天津临港投资开发有限公司
建筑面积： 17.7 万 m²
类型功能： 科研
项目区位： 天津　滨海新区
设计时间： 2019 年
负责阶段： 施工图设计
方案设计单位： SBA GmbH

庭院化布局、交互式设计

通过共享庭院、共享屋面、共享露台、千人礼堂等功能交互，建立企业和人才对于社区的归属感和认同感，打造宜人、活力的空间感受和氛围，营造企业、人才交流的平台，加强企业间的合作与互动，以及创新思想之间的交流和碰撞。

国家合成生物技术创新中心核心研发基地

| 建筑 | 产业园区 | 城市更新 | 居住建筑 | 市政交通 | 室内装饰 | 海外业务 |

筑梦 · 城市精品　　　　　　　　　　　| 科研办公　| 体育会展　| 医疗建筑　| 教育建筑　| 文化旅游

青岛商会旧址修缮保护项目

建设单位：青岛市建设投资有限公司
建筑面积：0.3 万 m²
类型功能：城市更新
项目区位：山东　青岛
设计时间：2021 年
负责阶段：方案设计 + 施工图设计

青岛商会旧址修缮保护项目

修缮后鸟瞰效果

一栋建筑,一份记忆

修缮后的青岛商会旧址将恢复原貌,展示其独特的历史价值和文化魅力,为人们提供重返历史的机会。同时,此地也将成为文化交流、展览和艺术活动场所,为人们提供丰富多样的文化体验和活动空间。

修缮前实景

修缮后实景

筑梦·城市精品　　　　　　　　　　| 科研办公　| 体育会展　| 医疗建筑　| 教育建筑　| 文化旅游

济南商埠区改造更新项目一期济南宾馆地块项目

建设单位： 济南城市投资集团有限公司
建筑面积： 8.9万m²
类型功能： 城市更新
项目区位： 山东　济南
设计时间： 2022年
负责阶段： 施工图设计
方案设计单位： 华东建筑设计研究院有限公司

济南商埠区改造更新项目一期济南宾馆地块项目

| 产业园区 | 城市更新 | 居住建筑 | 市政交通 | 室内装饰 | 海外业务 |

更新存护古典气质、阅读百年商埠历史

项目将突出历史文化传承、创新开放发展和高端品质作为定位，力争将其打造成为泉城时尚活力新地标和商、文、旅一体的新型文旅商融合发展区、历史文化元素与现代文化产业融合的老城复兴新名片，加强商埠区与明府城等济南历史文化名城标志区建设，充分展现济南现代化城市的开放基因和文化魅力。

武汉SKP项目

建设单位：武汉联颐达商业管理有限公司
建筑面积：13.9万 m^2
类型功能：商业综合体
项目区位：湖北 武汉
设计时间：2021年
负责阶段：施工图设计
方案设计单位：Sybarite UK LIMITED

取"江城"武汉的"鼎"之韵、"水"之柔

运用现代立面设计手法,将楚文化铜鼎与凤纹的美学特征,融入立面设计。动线取江之漾,静线取湖之幽,将两种姿态融入立面造型,打造出静谧、端庄、精致且能体现楚文化精神内涵的世界级新地标建筑。

上海南京东路 558 号旅游纪念品商厦室内外装修工程

建设单位：上海新世界（集团）有限公司
建筑面积：0.7 万 m²
类型功能：商业
项目区位：上海
设计时间：2022 年
负责阶段：方案设计 + 施工图设计
方案设计单位：同济大学建筑设计研究院（集团）有限公司

双配合、新定义

从世纪广场"魔力万花筒"出发，重新定义南京路步行街浙江中路至福建中路段立面，进一步提升其核心品牌形象和商业价值。

上海桃浦中央绿地二期工程二标段

建设单位：上海桃浦智创城开发建设有限公司
建筑面积：4.1万 m²
类型功能：城市更新
项目区位：上海
设计时间：2019 年
负责阶段：施工图设计
方案设计单位：詹姆斯·科纳景观规划设计事务所

城市"棕地"转型"新自然"

设计团队充分理解方案设计单位的创作理念，以实现建设品质为目的开展施工图设计，充分发挥设计、施工、采购联动优势，在造价控制范围内，最大化呈现原设计效果，助力实现智创低碳、活力宜人、健康生态的城市生态公园。

| 筑梦 · 城市精品 | 科研办公 | 体育会展 | 医疗建筑 | 教育建筑 | 文化旅游

槐荫区市立五院周边片区城市更新项目二期

建设单位：济南槐荫国融城市更新有限公司
建筑面积：7.7 万 m²
类型功能：城市更新
项目区位：山东　济南
设计时间：2023 年
负责阶段：方案设计 + 施工图设计

"公园+""体育+"新模式

槐苑广场地块融入儿童友好及体育运动主题业态，着力打造集"智慧停车、休闲、娱乐、购物、健身"于一体的儿童友好型运动综合体。整体提升周边环境和风貌，为市民提供全方位、多维度、多场景的生活体验，提高各年龄段人群的幸福感，全力打造济南市"公园+"和"体育+"建设新标杆。

| 筑梦 · 城市精品 | 科研办公 | 体育会展 | 医疗建筑 | 教育建筑 | 文化旅游

上海周家嘴路隧道门户城市景观提升工程

建设单位：上海市浦东新区高行镇人民政府
建筑面积：1.8 万 m²
类型功能：城市更新
项目区位：上海
设计时间：2022 年
负责阶段：方案设计 + 施工图设计

建筑 | 产业园区 | 城市更新 | 居住建筑 | 市政交通 | 室内装饰 | 海外业务

探索城市街区更新创新模型，打造高行门户形象

采用微更新的设计手法，打造富有时代气息的街道景观，在城市旧城区中重塑新活力，提升市民的获得感、幸福感，被评为上海市"15分钟社区生活圈"——"人文风貌"优秀案例。

南京全民健身中心改造项目

建设单位：南京体育产业集团
建筑面积：6.2 万 m²
类型功能：城市更新
项目区位：江苏　南京
设计时间：2022 年
负责阶段：方案设计

叠叠错落染金陵，层层编织舞风华

经过改造，重塑建筑动感活力的形象，将历史文化基因融入建筑立面，使整体造型更加现代，更具昭示性。在设计理念上，提取了传统编织技艺的五种技法：一编、二织、三绣、四缠、五盘结，对应建筑设计的五大重点部分：形态、表皮、功能、景观、节点空间，重塑青奥活动，并使其成为融合城市文化印象的窗口。

| 筑梦 · 城市精品 | 科研办公 | 体育会展 | 医疗建筑 | 教育建筑 | 文化旅游

贵州茅台天街装修项目

建设单位：中国贵州茅台酒厂（集团）有限责任公司
建筑面积：2.1万 m²
类型功能：酒店
项目区位：贵州　遵义
设计时间：2023年
负责阶段：方案深化 + 施工图设计

| 建筑 | 产业园区 | **城市更新** | 居住建筑 | 市政交通 | 室内装饰 | 海外业务 |

筑梦 · 城市精品　　　　　　　　　　| 科研办公　| 体育会展　| 医疗建筑　| 教育建筑　| 文化旅游

洛阳龙门震动机械厂城市更新项目

主办单位：洛阳龙门震动机械厂
建筑面积：5.1万 m²
类型功能：城市更新
项目区位：河南　洛阳
设计时间：2021年
负责阶段：方案设计
获奖情况：2021年第七届山东省优秀建筑设计方案一等奖。

| 建筑 | 产业园区 | **城市更新** | 居住建筑 | 市政交通 | 室内装饰 | 海外业务 |

| 科研办公 | 体育会展 | 医疗建筑 | 教育建筑 | 文化旅游

青岛楼山创忆空间项目（一期）

建设单位： 青岛财通城市更新有限公司
建筑面积： 0.5 万 m²
类型功能： 城市更新
项目区位： 山东　青岛
设计时间： 2023 年
负责阶段： 施工图设计
方案设计单位： 同济大学建筑设计研究院（集团）有限公司
获奖情况： 2023 年度青岛市优秀建筑设计二等奖。

青岛楼山创忆空间项目（一期）

| 产业园区 | 城市更新 | 居住建筑 | 市政交通 | 室内装饰 | 海外业务

金水区支路背街综合改造（经二路等13条道路）EPC项目

建设单位： 郑州市金水区城市管理局
改造面积： 50万 m²
类型功能： 街道更新
项目区位： 河南　郑州
设计时间： 2020年
负责阶段： 施工图设计
方案设计单位： 东华大学

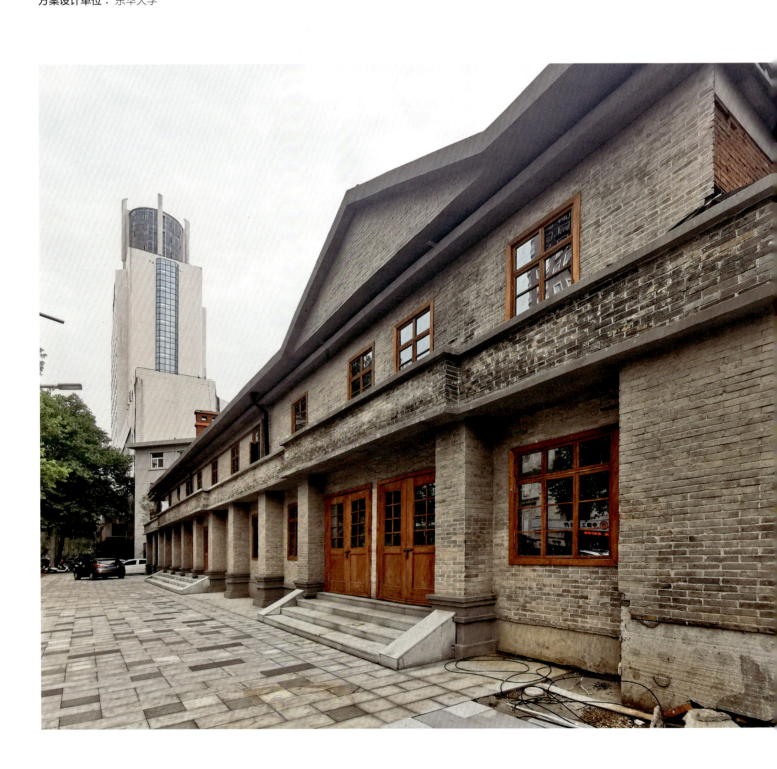

助力郑州建设国家中心城市

设计以"城市为家,街道为客厅"的设计理念,布置"公共服务、交通管理、公共照明、路面铺装、信息服务、公共交通"六大城市家具系统。改造以展现郑州城建史为主题,让饱经沧桑的街道经历蝶变,以崭新的面貌和亮丽的身姿呈现在市民面前。高标准的施工品质确保各条道路经受住了郑州"7·20"城市内涝灾害的考验,保障了城市安全。

 | 科研办公 | 体育会展 | 医疗建筑 | 教育建筑 | 文化旅游

松原市 2023—2025 年度海绵城市及城市更新建设项目

建设单位： 松原市住房和城乡建设局
建设规模： 改造城市道路 41 条；改造雨水泵站 1 座，管线清淤 71914.6m；建设海绵智慧平台 1 套；城市公园广场进行品质提升 25 座；老旧小区进行改造 51 个。
类型功能： 海绵城市及城市更新
项目区位： 吉林　松原
设计时间： 2023 年
负责阶段： 初步设计＋施工图设计

| 建筑 | 产业园区 | **城市更新** | 居住建筑 | 市政交通 | 室内装饰 | 海外业务 |

以城市更新为"基",以海绵城市寻"变",打造新型城市生态圈

通过人工和自然的结合、生态措施和工程措施的结合、地上和地下的结合,既解决了城市内涝问题、水体黑臭问题,又可以调节微气候、改善人居环境。

上海汶水东路450弄、690弄旧住房改造竞赛设计方案

主办单位：上海市修缮事务中心、上海市勘察设计行业协会、上海市房屋修建行业协会
建筑面积：4.4万㎡
类型功能：住房更新改造
项目区位：上海
设计时间：2024年
负责阶段：方案设计
获奖情况：上海市第三届旧住房更新改造设计暨"红花杯"优质工程优胜奖。

军民同心、连海升平

从独特的海军文化背景入手，融入"春江潮水连海平，海上明月共潮生"的愿景，采用"连、海、平"的设计构思策略。

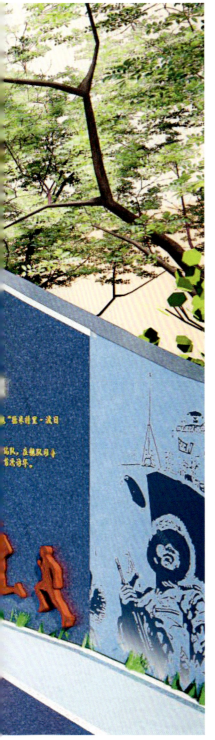

筑梦 · 城市精品　　　　　　　　　　|　科研办公　|　体育会展　|　医疗建筑　|　教育建筑　|　文化旅游

虹口区中行大楼、四行大楼历史建筑旧房改造项目

主办单位：上海市勘察设计行业协会
建筑面积：0.9 万 m^2
类型功能：城市更新
项目区位：上海
设计时间：2021 年
负责阶段：方案设计
获奖情况：上海市第二届旧住房更新改造设计方案优胜奖。

| 建筑 | 产业园区 | **城市更新** | 居住建筑 | 市政交通 | 室内装饰 | 海外业务 |

筑梦 · 城市精品 | 科研办公 | 体育会展 | 医疗建筑 | 教育建筑 | 文化旅游

上海奉贤区奉贤新城 08 单元 07-01 地块

建设单位：上海孚腾置业有限公司
建筑面积：16.4 万 m²
类型功能：住宅
项目区位：上海
设计时间：2023 年
负责阶段：施工图设计
方案咨询单位：上海柏涛建筑规划设计有限公司

| 产业园区 | 城市更新 | **居住建筑** | 市政交通 | 室内装饰 | 海外业务 |

上海宝山区顾村大型居住社区 BSP0-0104 单元 0427-01 地块

建设单位：上海孚宏置业有限公司
建筑面积：12.9 万 m²
类型功能：住宅
项目区位：上海
设计时间：2022 年
负责阶段：施工图设计
方案咨询单位：上海柏涛建筑规划设计有限公司

| 建筑 | 产业园区 | 城市更新 | **居住建筑** | 市政交通 | 室内装饰 | 海外业务 |

| | 科研办公 | 体育会展 | 医疗建筑 | 教育建筑 | 文化旅游 |

北京大兴国际机场临空经济区（廊坊）起步区、噪音区、综保区、回迁安置房项目 EPC 工程总承包

建设单位：临空房地产开发建设有限公司
建筑面积：105.7 万 m²
类型功能：住宅
项目区位：河北　廊坊
设计时间：2023 年
负责阶段：方案设计 + 施工图设计

| 筑 | 产业园区 | 城市更新 | **居住建筑** | 市政交通 | 室内装饰 | 海外业务 |

武汉青山滨江商务核心区住宅项目

建设单位：武汉众盛置业开发有限责任公司
建筑面积：24.5 万 m^2
类型功能：住宅
项目区位：湖北　武汉
设计时间：2023 年
负责阶段：方案＋施工图设计

| 产业园区 | 城市更新 | **居住建筑** | 市政交通 | 室内装饰 | 海外业务 |

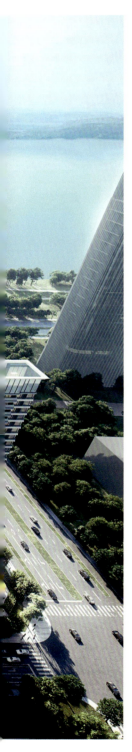

| 筑梦 · 城市精品 | | 科研办公 | 体育会展 | 医疗建筑 | 教育建筑 | 文化旅游 |

四川凯旋左岸建设项目

建设单位：古蔺县兴城城市投资建设经营有限公司
建筑面积：11.8 万 m²
类型功能：住宅
项目区位：四川　泸州
设计时间：2023 年
负责阶段：方案设计 + 施工图设计

传承酱酒文化、打造地域标杆

规划设计充分挖掘古蔺山水文化及酱酒文化，建筑风格中融入传统与现代特色，整体布局注重礼序关系，形成"长中轴、大中庭"的住宅院落格局。院落式的情景消费，遵循传统建筑街区尺度；以当地街区作为结构依托，形成肌理脉络，强调体验的文化脉络；挖掘当地特色文化，打造融入时尚元素的商业风貌以及中式传统与现代特色相结合的建筑风格。

| 科研办公 | 体育会展 | 医疗建筑 | 教育建筑 | 文化旅游

上海保障性租赁住房设计大赛 — 叠汇居

主办单位：上海市住房和城乡建设管理委员会、上海市房屋管理局
建筑面积：1.9万 m²
类型功能：住宅
项目区位：上海
设计时间：2022年
负责阶段：方案设计
获奖情况：2022年上海市保障性租赁住房设计大赛—居住空间组—空间设计奖。

高密度共享居住空间

4 组居住空间向外扩张，形成风车形平面，中间形成共享公共空间，标准单元旋转 90 度形成层间进退的露台空间，不同户型上下层之间形体错动，为每个房间提供多功能的阳台。

筑梦·城市精品 | 科研办公 | 体育会展 | 医疗建筑 | 教育建筑 | 文化旅游

青岛市瑞昌路交通枢纽

建设单位：青岛市交通运输局
建筑面积：6.5 万 m²
类型功能：市政交通
项目区位：山东　青岛
设计时间：2022 年
负责阶段：方案设计 + 施工图设计

新型智慧高效，乘风破浪，扬帆出海

用流畅的线条及动感的趋势打造了标志性的综合交通枢纽，提供的综合性服务有助于减轻交通压力，改善城市环境质量，提升市民生活品质，为老城区注入新的生命力。

| 筑梦·城市精品 | 科研办公 | 体育会展 | 医疗建筑 | 教育建筑 | 文化旅游

姚庄至西塘应急通道项目

建设单位： 嘉善县姚庄乡村振兴开发建设有限公司
建设规模： 总长 1.7km
类型功能： 三级公路
项目区位： 浙江　嘉兴
设计时间： 2020 年
负责阶段： 方案设计 + 施工图设计

| 建筑 | 产业园区 | 城市更新 | 居住建筑 | **市政交通** | 室内装饰 | 海外业务 |

路景交融，简单灵动

项目道路、景观汲取周边特色，结合地块规划，展示小镇田园、江南水乡风貌，突出乡村振兴和文化旅游的特点。桥梁由厚重、简单的小箱梁引桥到轻盈、灵动的钢箱梁主桥，富有层次感，给人自然和谐的美学体验。

单位：m

| 科研办公 | 体育会展 | 医疗建筑 | 教育建筑 | 文化旅游

山东博物馆"片刻千载"甲骨文化展展览陈列项目

建设单位：山东博物馆
建筑面积：8.3 万 m^2
类型功能：展览
项目区位：山东 济南
设计时间：2022 年
负责阶段：方案设计 + 施工图
获奖情况：2022 年第十二届中国国际空间设计大赛—展陈空间工程类金奖。

传承中国文化

山东博物馆收藏甲骨 1 万余片，所藏不乏罗振玉、明义士等名家旧藏珍品，其藏量之大、内容之多、研究价值之高，在全国甲骨收藏单位中皆位居前列。此次展览甄选 120 余件甲骨等珍贵文物，展现甲骨文与汉字的演变关系，重温甲骨文背后的商代文明，致敬学者们的卓越成就，以期通过对甲骨文化的巡礼，探寻华夏文明之根，感受优秀传统文化的魅力，提升文化自信。

广西都宜忻人民解放总队纪念馆项目

建设单位：忻城文旅交通投资集团有限公司
建筑面积：0.4 万 m²
类型功能：展览
项目区位：广西 来宾
设计时间：2022 年
负责阶段：方案设计 + 施工图设计
获奖情况：2023—2024 年度国际环艺创新设计作品大赛（华鼎奖）金奖。

革命历史、红色基地

该项目以都宜忻游击队艰苦卓绝、浴血奋斗的革命历史内涵为切入点，展示传承红色革命艰苦奋斗精神、不忘初心、牢记使命的文化内涵。

建筑 | 产业园区 | 城市更新 | 居住建筑 | 市政交通 | **室内装饰** | 海外业务

上海 JW 万豪侯爵酒店艺术品工程

建设单位：上海申电投资有限公司
建筑面积：11.4 万 m²
类型功能：酒店
项目区位：上海
设计时间：2019 年
负责阶段：方案设计

水·上海风韵

水是生命的源头,承载着思想的方舟,泮水而居是酒店提供的美好体验,汲水而韵则是设计者希望给旅客带来心灵的启迪。

| 科研办公 | 体育会展 | 医疗建筑 | 教育建筑 | 文化旅游

廊坊九州二级医院项目

建设单位：北京大兴国际机场临空经济区（廊坊）管理委员会
建筑面积：4.4万 m²
类型功能：医疗
项目区位：河北　廊坊
设计时间：2022年
负责阶段：方案设计 + 施工图设计

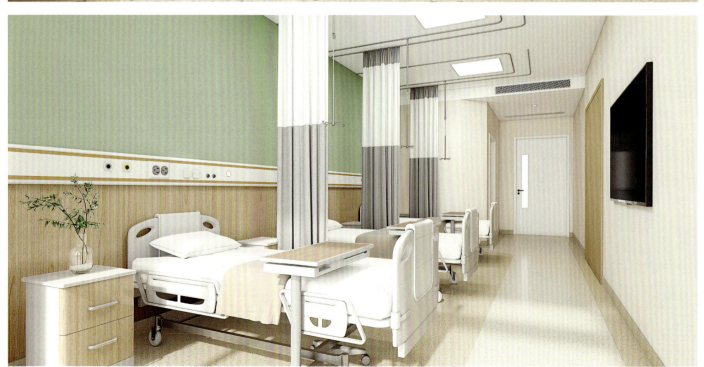

昌黎文化中心项目

建设单位：昌黎县旅游和文化广电局
建筑面积：2.8 万 m²
类型功能：文化
项目区位：河北　秦皇岛
设计时间：2021 年
负责阶段：方案设计 + 施工图设计
获奖情况：2022 年第十二届中国国际空间设计大赛（中国建筑装饰设计奖）银奖、2022 年第二届〔设计中国〕展·作品—佳作奖。

"以山为形，以海为意"让传统文化在新一代年轻人视野中得到流传
把"三歌一影"的昌黎传统文化融入皮影戏表演区和博物馆空间设计，希望通过设计的手法使其艺术形式世世代代传承和发展，同时运用当地艺术文化来装饰空间，使此项目成为当地的新名片和文化宣传的新窗口。

| 产业园区 | 城市更新 | 居住建筑 | 市政交通 | **室内装饰** | 海外业务 |

中德（济南大学）工业设计创新园区建设项目一期

建设单位： 齐河县城市经营建设投资有限公司
建筑面积： 13.4 万 m^2
类型功能： 学校
项目区位： 山东　德州
设计时间： 2022 年
负责阶段： 方案 + 施工图设计

| 科研办公 | 体育会展 | 医疗建筑 | 教育建筑 | 文化旅游

烟台高新区公共卫生服务能力提升项目

建设单位：高新城市更新投资开发建设有限公司
建筑面积：4.0 万 m²
类型功能：酒店
项目区位：山东 烟台
设计时间：2022 年
负责阶段：方案设计 + 施工图设计
获奖情况：2024 年度烟台市优秀工程勘察设计成果二等奖、2022 年度青岛市优秀建筑设计一等奖。

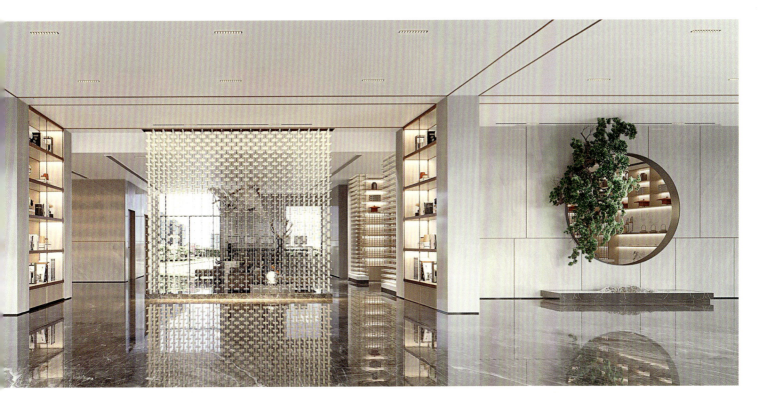

| 科研办公 | 体育会展 | 医疗建筑 | 教育建筑 | 文化旅游

中建科创投资有限公司室内设计

建设单位： 中建科创（上海）投资有限公司
建筑面积： 0.1万 m^2
类型功能： 办公
项目区位： 上海
设计时间： 2022年
负责阶段： 方案设计 + 施工图设计
获奖情况： 2021—2022年度国际环艺创新设计作品大赛（华鼎奖）金奖。

东形西现，取之传统，释之现代

通过现代设计手法对传统古典与现代美学进行提炼，以当代设计语言传达企业文化。在空间的形态、构成以及功能布局中，做了更深层次的延展。打破东方传统的认知，融入不受限制的艺术概念与工艺，以新工艺诠释中华文明传承，展望明天。

筑梦·城市精品　　　　　　　　　　　　　　| 科研办公　| 体育会展　| 医疗建筑　| 教育建筑　| 文化旅游

埃塞俄比亚商业银行新总部办公楼项目

建设单位： 埃塞俄比亚商业银行
建筑面积： 16.5 万 m^2
类型功能： 办公
项目区位： 埃塞俄比亚
设计时间： 2015 年
负责阶段： 方案设计 + 施工图设计
获奖情况： 2021 年第七届山东省优秀建筑设计方案二等奖。

嵌入非洲大地上的一颗璀璨"钻石"

集银行、会议、高端写字楼、餐饮、购物等业态于一体,埃塞俄比亚乃至东非区域的标志性建筑。

埃塞俄比亚商业银行新总部办公楼项目（室内装饰）

建设单位：埃塞俄比亚商业银行
建筑面积：16.5 万 m²
类型功能：办公
项目区位：埃塞俄比亚
设计时间：2018 年
负责阶段：方案设计 + 施工图设计
获奖情况：中国装饰设计奖（CBDA 设计奖）建筑设计空间方案美金奖、2022—2023 年度上海设计 100+ 奖、APD 亚太设计中心办公空间方案设计奖。

| 产业园区 | 城市更新 | 居住建筑 | 市政交通 | 室内装饰 | **海外业务**

共赢 · 匠心汇聚

TALENT ADVANTAGE
人才优势

强化人才梯队建设，打造全专业人才供应链

实施人才强企战略，始终把人力资源作为强企之基、竞争之本，始终把人才作为驱动企业转型升级、快速发展的核心资源。

加强顶层设计，构建人才工作新格局

构建"1246"人才工作新格局

贯彻**一个**"以奋斗者为本、为担当者担当、让实干者有为有位"的工作理念；

畅通管理序列、专业序列**两条**人才发展主要通道；

依托**"四新"**人才培养计划（"新砼人""新青年""新栋梁""新领军"），做深各层级人才"蓄水池"；

培育形成领导干部、高端领军人才、国际化人才、经营管理人才、专业技术人才、创新业务人才，**六支**重点人才队伍。

设计体系人员　　2535 人

设计管理人员　800 人	一级注册人员　569 人
方案设计人员　161 人	正高职职称人员　17 人
施工图设计人员　642 人	高级职称人员　767 人
专项深化人员　932 人	10 年及以上工作年限　1431 人

TEAM BUILDING
队伍建设

> 中建八局设计专业

根据建筑行业人才队伍特点，共设置管理序列（M）、专业序列（T）、技能序列（O）、顾问让实干者有为有位"的人才工作理念落实落地，着力打造忠诚、

序列人才队伍

（P）四条人才职业发展通道，全面推动"以奋斗者为本，为担当者担当，
、有担当的干部队伍和高素质专业化的人才队伍。

图书在版编目（CIP）数据

匠心绘梦：中国建筑第八工程局有限公司设计作品集 / 中国建筑第八工程局有限公司设计管理总院编. 北京：中国建筑工业出版社，2024.11. -- ISBN 978-7-112-30544-5

I. TU206

中国国家版本馆 CIP 数据核字第 2024WQ0077 号

  本书为中国建筑第八工程局有限公司在科研办公、体育会展、医疗建筑、文化旅游、教育建筑、酒店建筑、产业园区、城市更新、居住建筑、市政交通、室内装饰、海外业务等不同领域的优秀设计作品集。作品集全面体现了中国建筑第八工程局有限公司从无到有、从有到精，转型迈入新征程的一路繁花。同时，也为同行们展示了每个设计项目的设计理念，有助于相关设计院所参考学习。本书适用于建筑设计公司、建筑设计研究部门、高等院校等机构，以及对建筑设计感兴趣的大众读者阅读参考。

责任编辑：张 华 唐 旭
书籍设计：锋尚设计
责任校对：张惠雯

匠心绘梦 中国建筑第八工程局有限公司设计作品集
中国建筑第八工程局有限公司设计管理总院 编

*

中国建筑工业出版社出版、发行（北京海淀三里河路9号）
各地新华书店、建筑书店经销
北京锋尚制版有限公司制版
天津裕同印刷有限公司印刷

*

开本：880毫米×1230毫米 1/16 印张：13¼ 字数：359千字
2024年12月第一版 2024年12月第一次印刷
定价：**198.00** 元
ISBN 978-7-112-30544-5
（43838）

版权所有 翻印必究
如有内容及印装质量问题，请与本社读者服务中心联系
电话：（010）58337283 QQ：2885381756
（地址：北京海淀三里河路9号中国建筑工业出版社604室 邮政编码：100037）